さとみめもりー

SATOMI MEMORY

『さとみめもりー』を手にとってくれて、
本当にありがとう。
夢破れて挫折し、先が見えなくなるくらい
落ち込んだ20代前半。
そんな中で君と出会い、頑張る意味を思い出させてくれたから、
こんな風にこの本を出すことができました。
これからは誰かがくじけそうなときに、
オレの姿を見ることで、「頑張ろう」と思ってもらえる
光になれるよう、活動を通してエールを届けていきたいです。
この本には、等身大のありのままの姿を詰め込んでいます。
最後まで、よろしくね。

2021年8月19日　さとみ

イラスト／フカヒレ

さとみめもりー

CONTENTS

PREFACE 2

CHAPTER 01　PROFILE 5
PROFILE 6
さとみくんの Answer ── 4Step 質問コーナー
FAMILY
COMMITMENT TO TOOLS
SNAP PHOTO 24
Satomi's vacation ──シルエットグラビア
LIVE ACTION 38
お部屋
家族
その他
番外編──フリースロー対決

CHAPTER 02　HISTORY 45
Childhood ──子供時代 46
High school ──高校時代 48
Training school ──養成所時代 50
2016 52
2017 53
on Stage ──ライブ写真 58
2018 60
2019 66
2020 73
2021 74
in Future ──これから 76

CHAPTER 03　SINGER 77
SONG LIST 78
シングル・アルバム楽曲紹介
LIVE LIST 90
ワンマンライブを振り返る
LIVE GOODS LIST 94
ワンマンライブのグッズ紹介

CHAPTER 04　CHARACTER 95
GALLERY 96
いろんなさとみくんを紹介
GOODS COLLECTION 104
さとみくんのグッズフォトグラフ

CHAPTER 05　MESSAGE 105
りすなーさんに向けてのメッセージ

CHAPTER | 01

PROFILE

PROFILE

SNAP PHOTO

LIVE ACTION

CHAPTER 01

PROFILE

さとみくんについてのいろんな
情報をまとめたよ♡
4Step質問コーナーや
家族（ペット）、こだわりの
アイテム紹介コーナーを用意。
さとみくんの「好き」に触れてみてね！

これがさとみくんのサインだよ♡

さとみ PROFILE

誕生日	1993年2月24日
星座	魚座
血液型	AB型
身長	170cm前後
足のサイズ	26cm
特技	ゲーム、料理
活動開始日	2016年5月16日

CHAPTER 01
PROFILE
さとみくんは
相方！
一緒にゲームも
するよ♪
いとこの
お兄ちゃん的な
存在だよ♡
さとみくんの
担当カラーは
ピンク！
莉犬
ころん
るぅと
フォロワー
65万人!
Twitter
YouTube
公式チャンネル
登録者数
113万人
突破!
さとみくんの
SNSを
チェック!!
※2021年7月現在

6人組のエンタメユニット
『すとぷり』のめんばーなんだ
めんばー
最年長で
大人の余裕♪
ジェル
さとみ
ななもり。
さとみ、ジェル、
ななもり。で
大人組なんだ！
味方になって
くれたら負け
る気がしない
頼れる男！
Instagram
フォロワー
37万人!
TikTok
フォロワー
51万人!
LINE
友だち数
84万人!
LINE
※ログインする必要があります

さとみくんのAnswer

少しミステリアスなさとみくんの深層心理をイエス/ノーや数字で探ってみたよ。最新のさとみくんまとめを4Stepでどうぞ！

さとみくん
イエス/ノーどっち？

STEP 01

Yes、Noで教えて！

Q ゲームが苦手な女の子は嫌い？
NO

Q ラーメンは好き？
YES

Q オシャレな女の子は好き？
YES

Q 自分の声は好き？
YES

Q 海は好き？
YES

Q 好きな色は当然、ピンク？
YES

Q 山は好き？
NO

Q かわいいは正義？
YES

Q モノマネされるのは好き？
NO!

Q 占いって信じる？
NO

Q 朝ご飯は食べる？
YES

Q 日焼けは気にする？
YES
Q 散歩は好き？
YES
Q 努力は好き？
YES
Q お肌の手入れはしてる？
YES
Q 勉強は好き？
YES
Q サボるのは好き？
YES
Q 歌うのは好き？
YES
Q デートのときは手をつなぐ？
YES
Q アウトドアは好き？
NO
Q 踊るのは好き？
YES
Q 学生時代、成績はよかった？
NO
Q 眠れない日ってある？
YES
Q 動物は好きだよね？
YES
Q 20代は楽しい？
YES
Q キャンプしたことある？
YES
Q ジムに通ってる？
YES

数字で答えてみよう♫

STEP 02 数字で教えて！

Q 最長で何時間くらい寝たことある？

15時間

Q お家にイスは何個ある？

8個

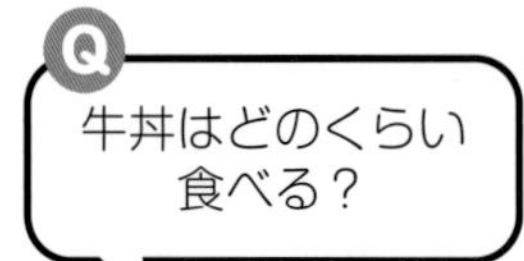

Q 牛丼はどのくらい食べる？

1095回/年

Q 自炊するのは？

0

Q お酒を飲むのは？

1回/週

Q 初恋は何歳？

10歳

Q 起きる時間は？

7時

Q 1日何食？

2食

Q コンビニにはどのくらい行く？

21回/週

速すぎて計測できないって言われたな

Q 息はどれくらい止められる？

やったことはないけど、努力すれば不可能はないと思ってる

Q エアコンの設定温度は？

25℃

Q 持ってるTシャツの数は？

10枚

Q 1日のうちで携帯を触ってる時間は？

33秒

Q ペットにキスする回数を教えて！

100回/日

Q 週にどれくらい漫画を買う？

1000冊

Q 万歩計つけたらどれくらい？

73歩/日とかだった。たぶん壊れてる

Q ペットを抱っこする回数を教えて！

100回/日

Q アクセは何個つける？

100個

Q 学生のときはどれくらい勉強してた？

2時間/日

Q 足のサイズを教えて！

26cm

Q 何回目のデートで告白する？

365回目

Q 腹筋は何回できる？

1000回

ひとことください♡

STEP 03 ひとことでお願い！

Q 好きな香りってある？

いい匂い

Q お家でいつもいるところはどこ？

作業部屋（1日に10時間以上はいるかな）

Q 醤油とソースどっち派？

わさび醤油

Q 無人島に持って行くとしたら何？

さとみめもりー

Q いちばん好きな漫画を教えて！

全部いちばんだよ

Q 美肌の秘訣を教えて！

検索しろ

Q いちばん好きな映画は？

『グレイテスト・ショーマン』

Q カラオケで絶対に歌う曲は？

そのときの流行り

Q いちごは好き？

実は普通くらい

Q ハマってるドラマある？

ドラマを見るなら、オレのYouTubeを見ろ

Q コンビニでいつも買うものは何？

何だろうな……ないな

Q いちばん使ってる携帯アプリは？

『食べログ』！（ウソウソ）『第五人格』

Q 何でそんなにかっこいいの？

神に選ばれたから

Q 将来住むならどこがいい？

シンガポール

Q すとぷりになってなかったら何になってた？

ひとぷり

Q 自分の性格で直したいところは？

ない

Q 10代のころ、もっとしておけばよかったってことある？

たくさんあるけど、あのときガンダムに乗っていたら人生変わってたかもね

Q 今日で世界が終わるなら何する？

終わる瞬間、寝てたいな

Q 苦手なもの教えて

うざいやつ

Q ピザは何ピザを頼む？

ピザよりパスタやな

Q 好きなおでんの具は？

タマゴしか勝たん

Q どうしてそんなにかわいいの？

ありがと♡

Q ペットといつもどんなことして遊ぶの？

秘密

Q 今日のご機嫌は？

お前がいてくれるだけでバラ色さ

Q ついつい集めちゃうものは？

ゲームソフト

Q ストレス解消法は？

そもそもためない

STEP 04 理由とか説明も聞きたい♡

さとみくん、じっくり教えて！

Q 行ってみたい国は？

前はウユニ塩湖って思ってたけど、もういいかな。いまはシンガポールの屋上がプールになってるところ……『マリーナベイ・サンズ』に行きたい！

Q 自分を動物に例えるとしたら何？

気まぐれで強そうなサーベルタイガーってことで！

Q ヘアメイクで気をつけてることある？

前日に酒は飲まない

Q 握手会やライブには、どんな洋服で来てくれたらうれしい？

似合ってたら何でも！似合わないのはやめたほうがいいよね！知らんけど（笑）

Q これだけは譲れないものってある？

自分にウソはつきたくないって思ってる

Q 座右の銘を教えて！

むずいな……座右の銘か……。自由気まま。ストレスフリー。自分にウソはつかない

Q 悩みやコンプレックスはどうやって克服する？

最近悩んだことないなぁ……いまはストレスフリーだから。まぁでも、正解が見つかるまでわりと頑張って挑戦していくかな

Q 30歳になったら何したい？

30歳とか歳に関係なく、やりたいときにやりたいことをやれるようになりたい

Q いまの立場にプレッシャーを感じることはある？

うーん……プレッシャーを楽しむように、ポジティブにとらえるようにしてる

Q すとぷりめんばーとして大切にしてることは？

「みんなのためなら努力おしまない」これ、歌詞からとったんでね。いい言葉やな

Q 最後に、未来の夢を教えて！

動物と隠居。そっと静かなところで暮らしていきたい

FAMILY

大事な家族を紹介

動物が大好きなさとみくん。実はたくさんの家族と暮らしているんだよ。今回は特別に、その中から猫のみみちゃんとやまとちゃんを紹介！　お蔵出しショットを楽しんでね♪

プロフィール

みみちゃん♀

種類	マンチカン
誕生日	秘密

我が家のアイドル
人が家に来ると、すぐに隠れて一生出てこない（笑）
なのにオレにはベタベタ
かわいい♡

さとみくんと！

甘えて
くるんだよ♡

ジーーー
ーーー

やまとちゃん♀

種　類	サイベリアン
誕生日	秘密

かわいい♡
彗星のごとく現れた、アイドルの座を狙うやつ
毛の色はホワイトグレー
かわいい♡

うしろ足が
かわいい
!!!!!!

見つめられ
たらキュン♡

COMMITMENT TO TOOLS

こだわりの作業部屋

毎日動画投稿を続けているさとみくん。みんなによりよい動画を届けるために、作業環境にはこだわりが詰まっているんだ。ちょっとだけ紹介しちゃうよ♪

作業部屋

1日でいちばん長い時間いる場所。色の確認を精細にできるよう、モニターを3枚から4枚に増やしたんだ

連続投稿へのこだわりも

パソコン

このパソコンは2台目で、同じようなスペックのパソコンが2台あるんだ。もし、急にパソコンが壊れたときどうしよう？ って考えちゃうんだよ。

動画編集に使っているスペックが高いパソコンは、電気屋とかコンビニとかに行けば買えるっ

みんなに楽しんでもらうためにオレの中にこだわりがあって、いろんな機材を経てここまできたんだ！

キーボード

シンプルな見た目がドンピシャのキーボード！ 打った感じは、もうひとつ「いいな」って思っているキーボードのちょっと下くらい（笑）

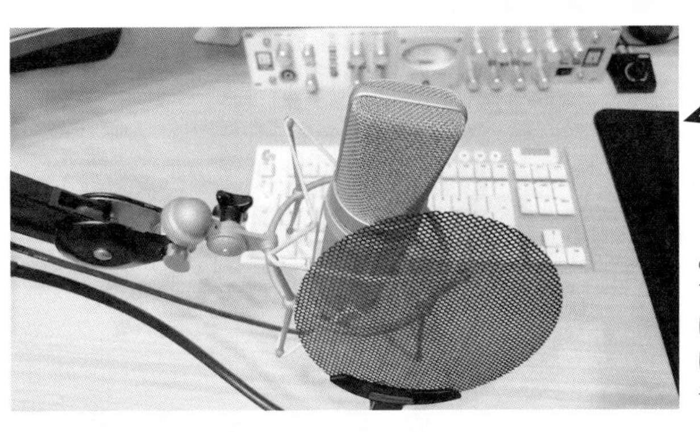

マイク

みんなが時間を使って動画を見てくれているんだから、よりいい画質、よりいい音質で届けたい

てものじゃない。壊れてすぐに頼んでも、家に届くまでに1週間とかかかったりして……。

毎日動画投稿を続けてるけど、もしやめるなら自分のタイミングでやめたいんだよね。「機材が壊れたから投稿できない」とかありえない！ 自分の意思で続けてきたものが、自分以外の何かによって中断させられる瞬間って、何とも言えない虚無感があると思うんだ。

あと、何年も続けてきたルーティーンがその瞬間になくなるわけで、自分の中の何かがちょっと変わってしまう気がしてるんだ。だから、やめるんだったら自分の意思でしっかりとやめたい！

みんなからの思いに、応えられる瞬間を維持するのはすごい大事。「パソコンがないから動画投稿ができない」なんて言ってらんねぇ!! パソコンが2台あれば、1台壊れても大丈夫なんだ♪

Satomi's vacation
少しだけとれた休暇を使って
リゾートでゆっくり過ごしたよ……。

「プールつきの隠れ家に来たよ」

「静かに流れる時間が好き」

「はしゃぎ過ぎたかなw」

Contemporary
Hawaiian
Quilting
REVISED
EDITION
Contemporary Hawaiian Quilting

「まだ眠いよね♡」

「あと少しだけゆっくりしたい……」

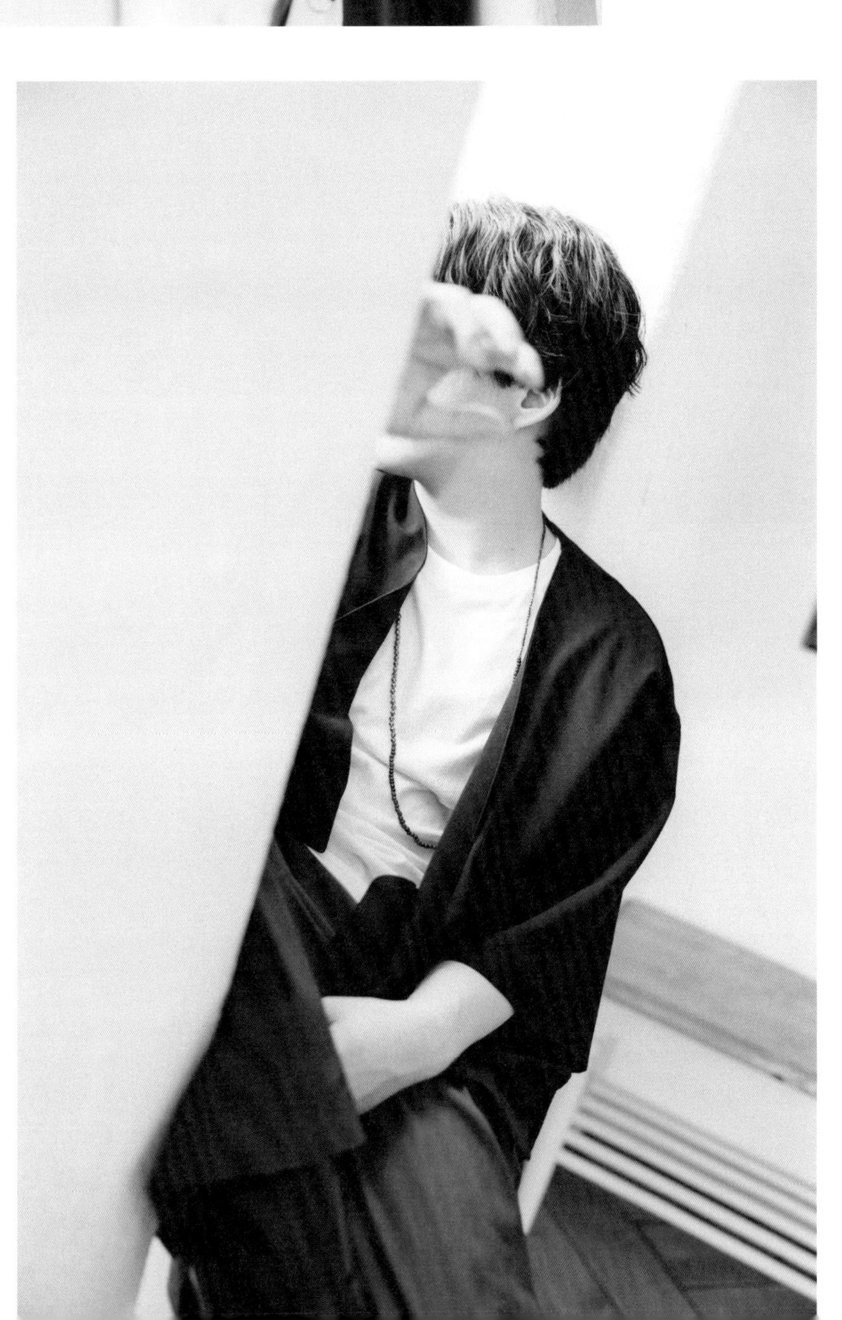

「もうすぐ会えるよ」

撮影：立松尚積
ヘアメイク：JOE
衣装：里山拓斗（LUCKY STAR）

さとみくんはYouTubeチャンネルに、いろんな実写映像をアップしているんだ。リアルなさとみくんにちょっとだけ近づけちゃうものばかりだよ♡

お部屋

好きなものやこだわりのものがわかるよ！

すとぷり 遊戯王

少年時代の夢が叶ってしまいました

カメラ

投稿日時
2021年
6月20日

お気に入りのフィギュアが届いたよ！

すとぷり

なんだこれ！？届いた金の盾が最強カスタムされてたんだけどwww

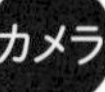

カメラ

投稿日時
2021年
6月15日

家に意味不明の物が
届きました…

投稿日時
2021年
3月21日

初公開！実況者の作業部屋を
お見せします！！！！！！！

さとみくんの
作業環境が
映ってるんだ♪

投稿日時
2021年3月2日

すとぷり

人生ではじめてお菓子を作ってみた結果www

投稿日時
2021年2月18日

チョコレート
ケーキを作って
いるよ♡

家族

一緒に暮らす
わんちゃん猫ちゃん
を紹介

これ見て癒されない人いるの？

我が家の最強アイドル

投稿日時
2021年
1月7日

すとぷり

我が家の猫が
可愛すぎる
芸を習得しました

投稿日時
2021年
1月20日

マンチカンの
みみちゃん

カメラ

家族が
できました

報告

投稿日時
2019年
1月16日

ミニチュア
ダックスフント
のモカちゃん

ダックス

モカちゃんが大変な技を
習得しました…

実写

修行中

モカモカモカモカ
モカモカモカモカ
モカモカモカモカ
モカモカモカモカ

投稿日時
2019年
2月8日

ハイパー可愛い家族を紹介するぜ

投稿日時
2020年
11月23日

実写

家族紹介

寝てても尻尾で
返事をする猫

投稿日時 2018年11月2日

マンチカン猫 munchkin cat

飼い主と一緒に寝たがる
猫がかわいすぎる

実写

投稿日時 2018年12月15日

黙っていてごめんなさい

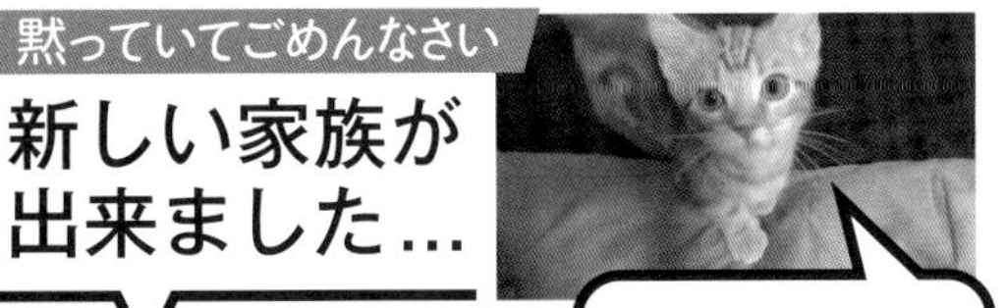

実写

マンチカンの
ひなちゃん

今まで黙っていて
すみませんでした。

投稿日時 2018年5月7日

マンチカン猫/munchkin cat

愛猫の前で死んだふりを
したら衝撃の結果に…

実写

投稿日時 2018年6月25日

その他

踊ってみたや
ゲーム中の
手元動画など

すとぷり　さとみ　ストロベリー・レボリューション

本人がすとぷりの
ストロベリー・
レボリューション
踊ってみたWWW

投稿日時
2020年
11月28日

すとぷり　さとみ　プロポーズ

本人がすとぷりの
プロポーズ
踊ってみたWWW

2021年
6月6日

本人が
踊ってみた

今年最後に
実写の未公開シーン
が流出

投稿日時
2020年
12月31日

すとぷり　さとみ　Prince

本人が
すとぷりのPrince
踊ってみたWWW

投稿日時
2020年
11月16日

第五人格 Identity V
すとぷり

最初で最後！
リクエスト頂いた
手元動画です！

ゲーム中の
手元

投稿日時
2021年
3月10日

最初で最後… リクエスト頂いた手元動画です！

Identity V
アイデンティティファイブ
日本語版
実況 泥棒 手元

投稿日時
2018年
7月29日

この場をお借りして
言わせて
いただきます。

投稿日時
2018年3月14日

最初の実写
動画は質問
企画の告知

LIVE ACTION

番外編 すとぷり運動会での フリースロー対決

『すとぷりちゃんねる』に投稿されている、すとぷり運動会のフリースロー対決動画は見たかな？ 初めてフリースローを成功させたのがさとみくんだったよね。実はこの日、真夏の暑い中、ひとりでずっとフリースローの練習をしていたんだよ。目標に向かって努力し続ける、さとみくんらしい姿だよね！

すとぷり

すとぷり運動会！フリースロー対決がおもしろすぎたWWW

さとみくんのシュート姿かっこいいね♡

動画中のコメント「練習は裏切らない」は、さとみくんだからこその言葉だったんだよ

汗まみれになり乾燥中の運動着

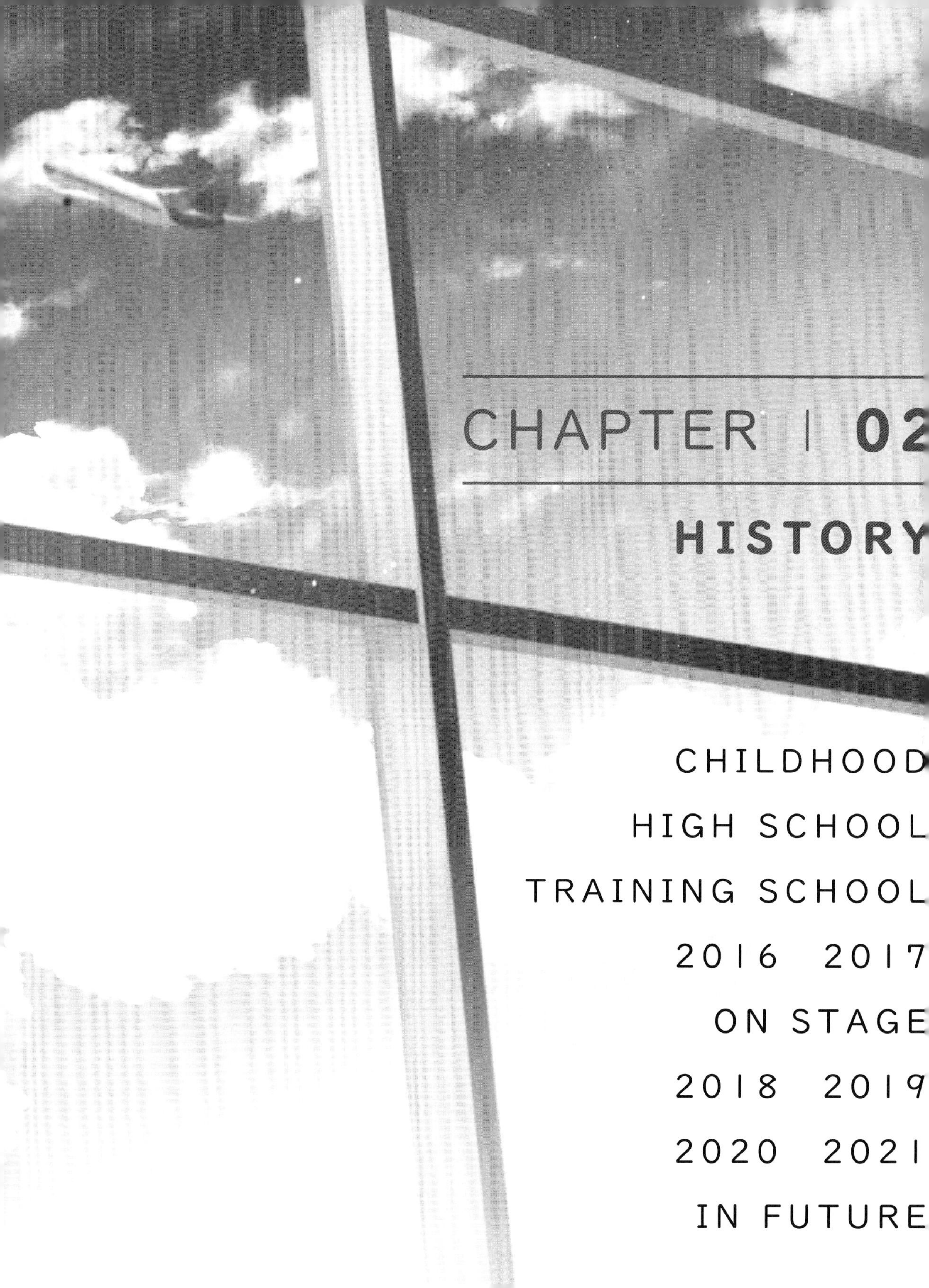

CHAPTER | 02

HISTORY

CHILDHOOD

HIGH SCHOOL

TRAINING SCHOOL

2016 2017

ON STAGE

2018 2019

2020 2021

IN FUTURE

SATOMI

HISTORY

ネットでの活動を始めた経緯や、
YouTubeのチャンネル登録者数が
どんどん増えていったときの気持ちなど、
さとみくんのコメントを交えながら、
その歴史を紹介していくよ♪

1993年 2月24日

誕生日

Childhood

子供時代

目立ちたがり屋の痛い子供だったんだ

目立つのがすごく好きな子供だったんだ。母親から派手な服を着せられてて、そうすると人が寄ってくるというか、年上の人にかわいがられるんだよ。それで目立つのが好きな子になってしまったのかも(笑)。

幼稚園、小学校は悪目立ちしてて、騒ぐのがめっちゃ好きでやんちゃしてたんだよね。

なんだか、目立ちたいんだけど目立つ方法がわからなくて……。勉強ができたら目立てたって理由で、勉強はしてたんだ。

でも、目立ちたいためにちょっとしたウソっていうか、少し大袈裟に言っちゃうことってあるよね？ そのころ、くだらないウソだったんだけど、みんなにバレて……「あ、こういうのやっちゃいけないんだ」って知ったんだよ。早めに気づけてよかったって思うんだけど、そういう痛い子供だったなぁ……。

小中学で、だいたい痛いことは全部終わったから、それでいまとなってはよかったのかも。だから、母親が派手な服を着せてくれたことに感謝してる（笑）。

4歳ぐらいのときの写真だそう。上下ヒョウ柄という、かなり派手な姿のさとみくん

SATOMI
HISTORY

軽音楽部にいたオレはボカロ曲にハマっていった

高校生になってもインターネットはまったくやってなくて……家にボロいパソコンはあったけど誰も使ってなかったな。

そんなとき、『メルト』っていうボカロ曲を聴いたんだけど、めちゃめちゃいいなって思って……。それまではビジュアル系の曲をよく聴いてたんだけど、そこからボカロ曲を調べて、『1925』とか、いろんなボカロの曲を知っていってハマったんだ。ただ、そのときはただ聴いてるだけで、自分がネットで活動するなんてまったく考えてなかったんだけどね。

あと、高校の思い出っていうと、軽音楽部を作ったことかな。

学校に軽音楽部がなくて、「じゃあ自分たちで作ろう」っていう同志みんなで、学年の200人以上の署名を集めて提出して同好会を作ったんだよ。最初は6人くらいしかいなかったんだけど、部活発表のときに新入生の前で演奏とか歌とか披露したら、ちょうどその時期にアニメの『けいおん！』が流行ってたこともあって体験入部が60、70人くらい来ちゃって（笑）。それで同好会から部になって……。みんな新入生だし、オレたちより下しかいないから、すごく楽しかった（笑）。

もともと歌が好きで、それがいまの活動につながっているし、こうやって何かを一から作り上げることも好きだったんだ。

Training school
養成所時代

投稿した「歌ってみた」へのコメントに救われたんだ

小中学時代が痛かったからか、高校のときは痛くないっていうか、なんかつまんない男になっちゃったんだよね。可もなく不可もなくみたいな。特に目標もなく過ごしてた。

高校を卒業したとき、先輩に高級な焼肉店に連れてってもらったんだ。人生で初めて。そこで、「オレはこんなにおいしいものを知らなかった！」って感動してしまって……ほんとに。でも周りを見たら誰も感動した顔で食べてないんだよ。「こんな高い飯を顔色変えずに食ってるやつがいるのに、オレはこんなに興奮していて許せねぇ」って思った（笑）。そっち側に行けるように頑張ろうって思ったんだ。

そこから、「自分の強みってなんだろう？」って考え始めて……。声はすごくほめられることが多かったし、アニメも好きだったから、芝居ができるところに通うようになって、1、2年くらいしたころ、とある養成所に入ったんだ。

でも、養成所はいろいろあって……。明らかに実力がない人間が優遇されるとか、そういうことって実際にあるんだなっていう現場を何度も見てしまったんだ。それで、自分の将来をあずけるのが怖くなったし、事務所に売ってもらうんじゃなくて、自分で自分を売り込めるように頑張ろうと思ってやめちゃったんだよね。

なんか、頑張ってる人ってたたかれるじゃん？ どこの世界でも。そういうのもあったりして、精神が不安定な時期だったんだ。それで落ち込んで、3カ月くらいいろいろ考えてたんだけど、ふとネットで「歌ってみた」っていう文化があるのを思い出して……。4、5年は勉強してきたってのはあったし、芝居で学んだことを込める意味で「歌ってみた」を投稿してみたんだ。

最初に投稿したのは、はるまきごはんさんの『銀河録』っていう曲。ちょうどそのころに発表された曲だったんだけど、聴いたときにすごく心に響いて……とっさに歌ってみたっていうのが動機なんだ。

そしたら、初投稿なのにコメントがもらえて……。こんな自分の歌でも聴いてもらってコメントがもらえるのがすごい励みになって……なんか、ある種救われたんだよ。まだ誰かに届けることができるんだって。すっごいありがたくてモチベーションが戻ってきたし、それが、いまの活動の入り口になったんだ。

銀河録 /
はるまきごはん
feat.初音ミク

SATOMI
HISTORY

2016年 5月16日
初配信(ツイキャス)

2016年 6月4日
すとぷり
すとぷり活動スタート

2016
2016年

すとぷりに入ったからには活動で返そうって思った

すとぷりのめんばーになるとき、めっちゃ怖かったなぁ。初配信からすぐのことだったたし、オレなんか始めたばっかかのカスじゃん。そのときは、ころんは活動期間も長くて、閲覧者も1000人くらいいたんだよね。すごいめんばーばっかりだって思って怖かった。

だからこそ活動で返そうって思ってて、ずっと頑張ってこれたってのはあるな。すとぷりになって、グループになったってこと以外に活動面で変わったことはないと思うんだけど、近くにいるめんばーができたことでやる気が出てきたっていうのはめちゃめちゃある。

あと、やっぱりひとりのころとは違って、できることは増えたよね。

2016年7月29日

動画

YouTubeチャンネル
スタート

2016年8月14日

すとぷり　ライブ

『すとろべりーめもりー vol.1』開催
(東京：KINGSX TOKYO)

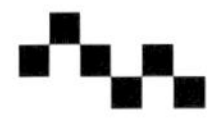

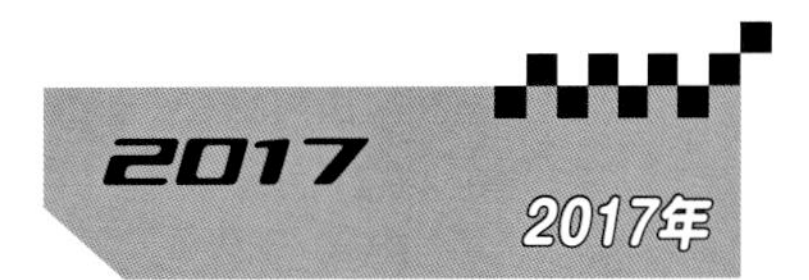

2017年1月26日

動画　ゲーム

ゲーム実況初投稿(YouTube)

2017年2月7日

ゲーム

PS4ゲーム『バイオハザード7
レジデント イービル』で
世界最速タイム

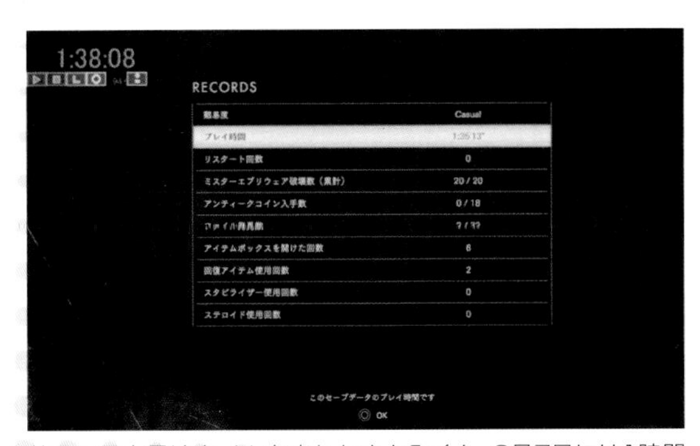

前日に日本最速タイムを出したさとみくん。2月7日には1時間
35分13秒という当時の世界最速タイムをたたき出したんだ

Game commentary ゲーム実況

生配信でしゃべりながらゲームをしてることにびっくりした

活動をスタートさせたころ、YouTuberとか知らなかったし、ツイキャスも知らなくて……。唯一知っていたのがボカロ曲での「歌ってみた」だったから、歌ってみたを投稿したんだよね。だからツイキャスで生配信でゲームをしている人がいるってことに最初はびっくりした(笑)。

オレは昔からゲームが好きだったし、それならってゲーム配信をしてみたら、すごくたくさんの人が見てくれるようになったんだ。いろんな活動のかたちがあるんだって知ったよ。それまではシンプルに歌を歌ったり、芝居というか台本を読んだりしてたんだけど、それからちょいちょいしゃべりながらゲームをやるようになったんだ。

ゲームは昔からずっとやってたんだよ。小学生のとき、ストーリーとかまったく理解できないのに『ファイナルファンタジー』があったからなんとなくやってみて、なんとなくクリアしてた(笑)。いろんなゲームをやってたし、ジャンル問わず、ゲームはめちゃめちゃ好きだな。

あと、活動初期は動画の投稿の仕方とかよくわからないし、動画の編集もできないし、ソフトもよくわからないから生放送ばっかりやってた(笑)。YouTubeのライブ配信がまだ全然一般的じゃないときからライブ配信してたんだけど、単純に生放送しかできなかったんだよね。

2017年
2月25日
ライブ
『さとみ生誕祭ソロライブ』開催
(東京：LIVE INN ROSA)

2017年
3月11日
すとぷり ライブ
『すとろべりーめもりー vol.2』開催
(東京：吉祥寺CLUB SEATA)

2017年
8月26日
すとぷり ライブ
『すとろべりーめもりー vol.3』開催
(東京：新宿ReNY)

SATOMI
HISTORY

生配信中にコメントをもらって肩の荷が下りたんだ

2017年10月27日

ゲーム

『【ムーン全部集めるまで寝れません！！】スーパーマリオオデッセイ【最終枠・・・】』配信

YouTubeのチャンネル登録者数がまだ2、3万人くらいのときかな、『スーパーマリオ オデッセイ』っていうゲームが出て、「クリアするまで寝れません」っていう企画をやったんだ。ゲームの発売日だったんだけど、全部で何個のムーンがあるのか誰もわかってないのに、「オレは全部のムーンをとるまで寝ない」って宣言して……それが思った以上に多かった(笑)。莫大な数あって、それで3日くらい眠らずにやり続けたっていう。

宣言した手前、途中でやめちゃうとオレはこの企画を2度とできないって思ったんだよね。次もやりたいからやり切ろうっていう気持ちで頑張ってた。

ネットで活動していると、悪意ある言葉とかたくさんあるんだけど、逆に励まさ

れる言葉もたくさんあるんだ。この生配信中に、なぜかタレントの松井玲奈さんがＴｗｉｔｔｅｒで「この人の生配信が楽しい」ってつぶやいてくれて……。それがめちゃめちゃうれしくて励みになった。

2017年12月24日

イベント

さとみちゃんクリスマス会

もちろんりすなーさんの言葉は大前提うれしいんだけど、違う角度から、自分がこれまでテレビで見て知っているような人にも「楽しい」って言ってもらえたことはすごく大きくて。自分の中で肩の荷が下りたというか……。勝手に感謝している人なんだ。すとぷりに入ってから活動で返したいって思ってきたけど、そこからやってきたことは間違いじゃなかったって感じたし、めちゃめちゃうれしかったなぁ。

on Stage

ちょっと息抜きに
ライブ中のさとみくんの
写真を楽しんでね♪

「さところ」は
いつ見ても
いいよね♡

クールで
楽しい
大人組!!

AWBERRY
RIN

2018年 1月6日

公式Instagram開設

※ログインする
必要があります

2018年 2月24日

ライブ

Satomi Birthday Live 2018
(東京：代官山UNIT)

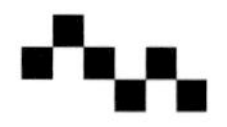

代官山UNITで行われたバースデーライブには、シークレットゲストで莉犬くんが来てくれたよ。誕生日ケーキでお祝いもしたんだ

2018年 4月5日

すとぷり ライブ

『すとろべりーめもりー vol.4』開催
(東京:TSUTAYA O-EAST)

2018年 5月3日

ライブ

『莉犬ワンマンツアー -「R」ealize-』
(大阪:BIGCAT)ゲスト出演

2018年 5月13日

ライブ

『莉犬ワンマンツアー -「R」ealize-』
(東京:新宿ReNY)ゲスト出演

りすなーさんがよろこんでくれるからゲスト出演でも楽しいよ

莉犬のツアーは大阪まで行ったよなぁ……いまだったら絶対に行かん! と言いながらたぶん行く(笑)。

ライブは楽しいし、友だちと何かやるのは好きだし、楽しいことはなんでも参加しちゃうから、ゲスト出演を頼まれたら行きたくなるんだ。行ったらきっとりすなーさんが盛り上がってくれると思うし、みんなが楽しんでくれてる顔が見たいんだよね。

2018年 7月6日

動画 ゲーム

『IdentityⅤ 第五人格』実況動画初投稿

たくさんの人に見てもらえるきっかけをくれたゲーム

YouTubeのチャンネル録者数が8万人くらいのときだと思うんだけど、『IdentityⅤ 第五人格』の実況をやったらたくさんの人に見てもらえて、そこからすごく多くの人にYouTubeを見てもらえるようになったんだ。3日間で1万人ずつくらい見る人が増えていて、自分でもびっくりした。

それからいまでもずっとやってるし、本当に好きなゲームなんだ。

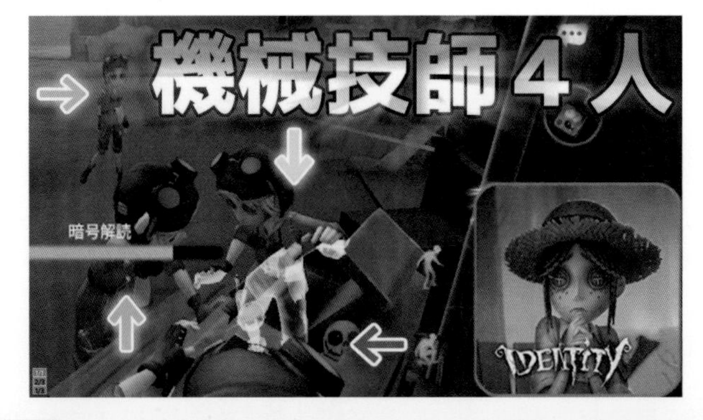

第五人格

機械技師４人なら光の速さで暗号解読出来るんじゃないの？

Identity V　アイデンティティファイブ　日本語版　実況

『IdentityV 第五人格』（アイデンティティファイブ だいごじんかく）は、中国のNetEase Gamesが開発・運営する非対称対戦ゲーム。ひとりのハンターと最大4人のサバイバーで試合が行われ、ハンター役はサバイバー役を攻撃してダウンさせ、サバイバー役はゲートを開放して脱出するのが目的だ

2018年 9月21日

ゲーム

『【Identity V実況者大激戦!】Identity V生放送　第一弾!』に出演

2018年 7月30日

すとぷり　ライブ

『すとろべりーめもりー vol.5 東名阪サマーツアー!!』開催（東京：Zepp DiverCity）

2018年 8月13日

すとぷり　ライブ

『すとろべりーめもりー vol.5 東名阪サマーツアー!!』開催（愛知：Zepp Nagoya）

2018年 8月15日

すとぷり　ライブ

『すとろべりーめもりー vol.5 東名阪サマーツアー!!』開催（大阪：Zepp Namba）

SATOMI HISTORY

2018年10月4日

動画

YouTube連続投稿スタート

いまも続けている連続投稿に込めた想い

ずっと生配信を中心にやってきたんだけど、生配信ってそのときしか見ることができない。録画をあとから見ることはできるけど、生放送にはレスポンスとかあるし、生だから面白いっていう部分があると思うんだよね。それに、録画は長過ぎて……関係ない話をしてるところもあれば、面白いシーンもある。だから、生放送が見られないっていう人たちのために、要点だけを短くまとめた動画を投稿しようと思ったんだよ。それが、毎日投稿のきっかけなんだ。

オレはサボリグセがすごいから、「毎日投稿」というプレッシャーを自分にかけたってのもある(笑)。

オレはコケたらコケ続けちゃうんだよ。これまで生きてきてコケたらダメだってわかってるから、コケないようにするためにやってるんだよね(笑)。

動画を投稿するとみんながよ

ろこんでくれるんだ。活動を始めたときに、自分が何かをしたら誰かがよろこんでくれることがうれしくて、やっぱり、そこにつながってるんだ。だから動画投稿を毎日続けられてるところはある。

ぶっちゃけ1日休もうと思えば休めるし、何日か投稿をやめても誰からも責められないんだけど……たとえば、ライブなんかは周りのたくさんの人が協力してくれてできてるでしょ？ それって、日ごろのオレたちの生放送とか動画投稿があったから、いろんな人が協力してくれてると思うんだ。だから、そこをやらなくなったらみんなと会えるライブとかの機会もなくなっちゃうんじゃないかなって……。実際はなくなんないとは思うんだけど、気持ち的にはそこを続けていかないとって。そういう可能性が万が一にもあるんだったらやり続けようって。それで、みんなに会えたときに見てくれている感謝を伝えたいんだ。

2018年 12月24日

すとぷり ライブ

『すとろべりーめもりー vol.6』開催
（東京：両国国技館）

2019
2019年

2019年 1月6日

ライブ

ワンマンライブ『さとはぴ！
～新年早々すいません！～』開催
(東京：サンリオピューロランド)

2019年の年明けに、サンリオピューロランドのエンターテイメントホールにて開催されたワンマンライブ。会場がピンク色に染まったよ

2019年 4月30日・5月1日

すとぷり ライブ

『すとろべりーめもりー vol.7』開催
(千葉：幕張メッセ)

2019年 3月27日

すとぷり 曲

1stミニアルバム
『すとろべりーすたーと』発売

2019年 6月13日

動画

YouTubeチャンネル登録者数
50万人突破報告動画投稿

2019年 7月3日

すとぷり　曲

1stフルアルバム
『すとろべりーらぶっ！』発売

2019年 7月26日

MV

『Code - 暗号解読 -』MV公開

2019年 6月29日

すとぷり　ライブ

『すとろべりーめもりー vol.8
俺たちすとぷり大人組!』開催
(東京：NHKホール)

2019年 7月30日

すとぷり ライブ

『すとろべりーめもりー vol.9 Summer tour 2019』開催（福岡：Zepp Fukuoka）

2019年 8月6日

すとぷり ライブ

『すとろべりーめもりー vol.9 Summer tour 2019』開催（北海道：Zepp Sapporo）

2019年 8月10日

すとぷり ライブ

『すとろべりーめもりー vol.9 Summer tour 2019』開催（宮城：ゼビオアリーナ仙台）

2019年 8月13日

ライブ

莉犬 わん！マンツアー『すたーとらいふっ!』（大阪：Zepp Namba）ゲスト出演

莉犬くんの2度目のワンマンツアーでも、さとみくんはゲスト出演したんだよ。会場は大阪のZepp Namba

2019年 8月14日

すとぷり ライブ

『すとろべりーめもりー vol.9 Summer tour 2019』開催（兵庫：ワールド記念ホール）

2019年 8月15日

公式 LINE開設

2019年 8月17・18日

すとぷり ライブ

『すとろべりーめもりー vol.9 Summer tour 2019』開催(静岡:エコパアリーナ)

2019年 8月23日

MV

『恋をはじめよう』MV公開

2019年 8月24・25日

すとぷり ライブ

『すとろべりーめもりー vol.9 Summer tour 2019』開催(千葉:幕張メッセ イベントホール)

2019年 9月22・23日

すとぷり ライブ

『すとろべりーめもりー vol.10』開催(埼玉:メットライフドーム)

SATOMI HISTORY

2019年 9月24日～10月7日

イベント

TOWER RECORDS
さとみ x NE(X)T BREAKERS
（タワーレコード渋谷店）

さとみくんが、タワレコのオリジナル企画「NE(X)T BREAKERS」の第5弾アーティストに選ばれたよ。渋谷店では等身大パネルやライブ衣装が展示されたんだ

初のソロアルバムはオリコンデイリーアルバムランキングにて1位を獲得！

さとみちゃん @satomimi__ · 2019年9月25日
今日は！！！！

ついにMemoriesの発売日！！！
もうすでに沢山感想くれて嬉しい

まだの人は早く受け取って聞いてくれ

嬉しくていくつかの店舗さんに潜入してきた〜

今日の夜放送もしちゃう

#Memories

1stミニアルバム
『Memories』通常盤

2019年 9月25日

曲

1stミニアルバム
『Memories』発売

アルバム発売日には、さとみくんがいろんな店舗にお忍びで潜入したんだよ！

2019年 10月19日

イベント

アルバム『Memories』発売記念握手会
（アニメイト池袋本店）

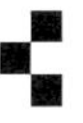

おめかししたたくさんのりすなーさんが会場に集まってくれました

2019年 12月20日

公式ファンブック
『すとろべりーめもりー vol.4』発売
巻頭特集：マイヒーローさとみ

りすなーさんに会えるから ソロもグループも熱量は変わらない

ソロのライブもグループのライブも同じくらい大変なんだ。それに、りすなーさんに直接会える機会っていうのは、ソロだろうがグループだろうが変わらないから熱量は同じなんだよね。

ただ、気持ち的には、ソロライブはオレに会いに来てくれる子しかいないので、少し行き過ぎた話をしてもいいのかなって思ったりする（笑）。そういう意味では、すごく心を許した状態で挑めるんだ。

2019年 12月30日

ライブ

ワンマンライブ『Memories』（東京：Zepp Tokyo）

Zepp Tokyoで開催されたワンマンライブは大成功！ すとぷりめんばーのころんくんがゲスト出演してくれたよ♡

お返しに(?)、2020年の年明けに開催されたころんくんのワンマンライブでは、さとみくんがゲスト出演して盛り上げたよ

2020年 1月4日

ライブ

ころんワンマンライブ
『ころわん!〜あけおめライブ2020!〜』
ゲスト出演(愛知:Zepp Nagoya)

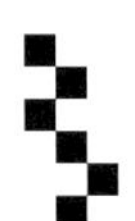

2020年 1月15日

すとぷり 曲

2ndフルアルバム
『すとろべりーねくすとっ!』発売

2020年 3月21日

すとぷり ライブ

無観客生配信ライブ『すとろべりーめもりー in すとぷりちゃんねる!』開催

2020年 7月18日

曲

シングル『Code - 暗号解読 -』
配信スタート

2020年 8月27日

すとぷり ライブ

無観客生配信ライブ『すとろべりーめもりー in すとぷりちゃんねる! vol.2』開催

2020年 8月29日

MV

『ワンダラー』MV公開

2020年 11月11日

すとぷり 曲

3rdフルアルバム
『Strawberry Prince』発売

2020年 11月11日

曲

シングル
『ワンダラー』配信スタート

2020年 11月11日

曲

カバーシングル
『ワールド・ランプシェード』配信スタート

2020年 11月14日

すとぷり　動画

すとぷり初代オセロ王に

カメラ

すとぷりオセロ王決定戦がヤバすぎたWWWWW

決勝でなーくんに勝利し、優勝を勝ちとったさとみくん。オセロ王をたたえた賞状が贈られたんだよ

2020年 12月5日

MV

『アサルトラブ』MV公開

目標としていた
100万人達成！

2021年 2月12日

動画

YouTubeチャンネル
登録者数100万人突破

2021年 1月15日

曲

シングル『アサルトラブ』
配信スタート

1万人のころから言ってた登録者数100万人の目標

2021年2月13日

動画

YouTubeチャンネル
登録者数100万人突破報告
動画投稿

YouTubeのチャンネル登録者数が50万人を突破したときは、「やったー！」っていう感じのよろこびじゃなくて、「50万人もオレのチャンネルにいてくれてることがうれしい」っていうニュアンスだったんだ。見てくれてる人がこんなにいるのは、動画が楽しいと思ってくれているっていうことにつながるから、それがうれしかったなぁ。

100万人を突破したときは、チャンネル登録者数が1万人のときから「100万人いこう！」って言ってたから、なんだか感動した。1万人のころに言ってることなんて、実際に達成できる目処なんか立ってないじゃん？　その目標をみんなでかなえられたことがうれしかったよ。

SATOMI
HISTORY

2021年 2月24日

MV

『アイロニ』MV公開

2021年 2月24日

ライブ

『さとみ3D生配信BIRTHDAY 歌ライブ』開催

世界中のトレンド

1・エンターテインメント・トレンド
#さとみくん誕生祭2021
164,815件のツイート

世界中のトレンド

1・世界のトレンド
#さとみ3D
52,059件のツイート

バーチャルソロライブ『さとみ3D生配信BIRTHDAY 歌ライブ』は、ツイート数が世界トレンドの1位に！

2021年 3月24日

曲

カバーシングル
『アイロニ』配信スタート

2021年 4月3日

すとぷり　ライブ

『すとろべりーめもりー in バーチャル』開催

in future これから

これからも普段の活動を頑張っていくしかないんだ

ツアーでいろんなところを回るとか、やりたいことは多いんだけど、いまはなかなかできる状況じゃないし……。また平気でツアーとかができるように、これからも普段の活動を頑張っていくしかないって思ってる。

コロナが明けたら……個人的には旅行に行きたい！ 海外旅行(笑)。活動としては、めちゃめちゃライブしたい!! 握手会もしたい!! そして、ツアーはすっごくやりたいな!!

CHAPTER | 03
SINGER
SONG LIST
LIVE LIST
LIVE GOODS LIST

SONG LIST

配信シングルからアルバム曲まで、さとみくんが歌っている楽曲をリストアップ。さとみくんからコメントもあるので、チェックしてね！

Single Code - 暗号解読 -

作詞：さとみ×るぅと×ななもり。
作曲：るぅと×松／編曲：松／歌：さとみ×ころん

2019年7月26日 MV公開

1st配信シングル『**Code - 暗号解読 -**』

発売日 2020年7月18日 ジャケットイラスト 空真

ゲーム『IdentityⅤ 第五人格』の世界観をモチーフに作られた楽曲。さとみくんところんくんのふたり（さところ）で歌っている。配信のみでCDには未収録。

Single ワンダラー

作詞：Ayase／作曲：Ayase／編曲：Ayase

2nd配信シングル『**ワンダラー**』

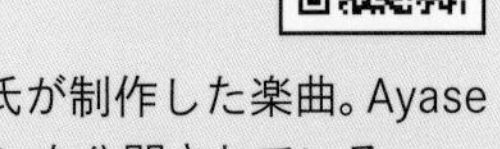

発売日 2020年11月11日 ジャケットイラスト ハヌル

音楽ユニット『YOASOBI』のコンポーザーでもあるAyase氏が制作した楽曲。Ayase氏のYouTubeチャンネルでは、初音ミク（ボカロ）バージョンも公開されている。

さとみcomment

Code - 暗号解読 -

『第五人格』の1周年記念のときに歌詞を書いた曲で、やっぱりゲームをテーマに作った曲だから、ゲームをやってる人が聴いたときに奮い立つ感じというか、シーンを想像できるような歌詞にしたかったんだ。やってないと書けないようなものにしたくて、1週間くらいは歌詞のことばっかり考えてた。「ああでもない」「こうでもない」って、いろんな言葉を調べながらハメ込んでいって書き上がった曲なんだ。歌詞はゲーム内のサバイバー目線なんだけど、ハンター目線も入れたいのでセリフで追加してみたり……。すごくバランスよくゲームを切りとった歌詞にできたなって満足していて、いまでも大好きな曲だよ。作ってるときはろくに寝れなくてしんどかったけど、ずっとたくさんの人が聴いてくれていて、頑張ってよかったなって思ってるんだ。

さとみcomment

ワンダラー

自分の中ですごく思い出深い曲。レコーディングのときにめちゃめちゃ悩んだんだ。夕方から始めたのに、0時を超えて2時とか3時とかになっちゃって……。試行錯誤を繰り返しながらレコーディングした。楽曲を提供してくださったのが『YOASOBI』のAyaseさんで、歌詞が聴けば聴くほど深いというか……。歌っているうちに物語の中にいる気持ちになってきて、「この子はこんな気持ちで生きてきて、こういう気持ちに至ったんだ」っていう感情を入れて歌うんだけど、そういうのがミックスされてつながって「深夜」っていう(笑)。大サビは1番と同じ歌詞なんだけど、その前に「もう少しだけ歩いてみようか」って歌詞があって、この間に「この子は何があったんだろう？」って。そう決意した変化。1番とは違ったテイストを自分で考えながら歌ったよ。本当に好きな曲で、大切な曲なんだ。

Single

アサルトラブ

作詞：syudou／作曲：syudou／編曲：syudou

2020年12月5日 MV公開

配信楽曲

3rd配信シングル『**アサルトラブ**』

発売日 2021年1月15日 ジャケットイラスト mokoppe

Adoの配信シングル『うっせぇわ』の制作を手がけたボカロP、syudou氏による楽曲。大人なムードが漂い、さとみくんのボーカルがぴったり。配信のみでCDには未収録。

Single

アイロニ

作詞：すこっぷ／作曲：すこっぷ／編曲：すこっぷ

2021年2月24日 MV公開

配信楽曲

配信シングル『**アイロニ**』

発売日 2021年3月24日 ジャケットイラスト nanao

ボカロP、すこっぷ氏による楽曲をカバー。2021年のさとみくんの誕生日に、大好きな曲として「歌ってみた」をYouTubeチャンネルに投稿。その後、配信シングルとして発売された。

Featuring
でこぼこげーむぱーてぃー

作詞：るぅと×TOKU／作曲：るぅと×松／編曲：松／歌：さとみ×ころん

すとぷり1stミニアルバム
『**すとろべりーすたーと**』収録曲

発売日 2019年3月27日（2020年1月15日再発売）

品番 ※STPR-1007（再発盤）

価格 1980円（税込）

ジャケットイラスト nanao

さとみくんが所属する6人組エンタメユニット『すとぷり』の1stミニアルバム収録曲から、さところのふたりで歌う楽曲『でこぼこげーむぱーてぃー』を紹介。

Featuring
キングオブ受動態

作詞：谷口尚久／作曲：るぅと×松／編曲：松／
歌：ななもり。×さとみ×ジェル

すとぷり1stフルアルバム
『**すとろべりーらぶっ！**』
収録曲

発売日 2019年7月3日

品番 STPR-1001

価格 2750円（税込）※通常盤

ジャケットイラスト nanao

すとぷりの1stフルアルバム収録曲から、さとみくん、ジェルくん、なーくんの「大人組」3人で歌う楽曲『キングオブ受動態』を紹介。

Featuring **遊獣浮男ボーイ**

作詞：れるりり／作曲：れるりり／
編曲：れるりり／歌：さとみ×ころん

2020年8月1日 MV公開

Featuring **脳内ピエロ**

作詞：松本有加／作曲：渡辺泰司
編曲：渡辺泰司／歌：ななもり。×さとみ×ジェル

2020年8月8日 MV公開

すとぷり2ndフルアルバム
『すとろべりーねくすとっ！』
収録曲

発売日 2020年1月15日

品番 STPR-1006

価格 2750円（税込）※通常盤

ジャケットイラスト フカヒレ

すとぷりの2ndフルアルバム収録曲から、さところのふたりで歌う『遊獣浮男ボーイ』と、
大人組の3人で歌う『脳内ピエロ』の2曲を紹介。

Single

ワールド・ランプシェード

作詞：buzzG／作曲：buzzG／編曲：buzzG

配信シングル
『ワールド・ランプシェード』

発売日 2020年11月11日

ジャケットイラスト フカヒレ

配信楽曲

※すとぷり3rdフルアルバム『Strawberry Prince』ジャケットイラストより

すとぷり3rdフルアルバム『Strawberry Prince』の発売時に、タワーレコードでの店舗別オリジナル特典として用意された『歌ってみたCD さとみVer!!』では、ボカロPのbuzzG氏の楽曲『ワールド・ランプシェード』をカバーしたんだ。アルバム発売に合わせ、本楽曲の配信がスタート。

Featuring

レベリング

作詞：れるりり／作曲：れるりり／編曲：れるりり／歌：さとみ×ころん

すとぷり3rdフルアルバム
『Strawberry Prince』収録曲

発売日 2020年11月11日

品番 STPR-1009

価格 2750円(税込)※通常盤

ジャケットイラスト フカヒレ

すとぷりの3rdフルアルバム収録曲から、大人組の3人で歌う『ドラマチックのアンチ』と、さところのふたりで歌う『レベリング』の2曲を紹介。

Featuring

ドラマチックのアンチ

作詞：和田たけあき／作曲：和田たけあき／
編曲：和田たけあき／歌：ななもり。×さとみ×ジェル

さとみcomment

ドラマチックのアンチ

人間は生きていくうえで、いろんな人とかかわっていくと思うんだけど、そこで抱える誰しも感じたことのある気持ちがストレートに歌詞になっているんだ。なかなか言葉にするのが難しくて、この歌詞を書けるのはすごいなって思う。自分はいま嫌な気持ちを抱えているんだけど、これはどこから出てくるんだろう？ 気持ちは動いてるのに言葉にできない瞬間って多々あるんだけど、それがすべて言葉になっているんだ。だから、聴いたらもやもやが晴れるというか、こういう気持ちになっているのは自分だけじゃないんだって感じるし、音楽っていいなと思えるところが凝縮されている。あと、聴く人やその環境によって受けとり方が変わる楽曲だと思っていて、たとえば3年後とか5年後に聴くときっと違った印象になるというか……学生から社会人になってあらためて聴くと全然感じ方が違うと思う。長く聴いてくれるとうれしいよね。大人組3人でのコラボ曲なんだけど、みんな方向性は同じだったから、3人のそれぞれのよさが合わさっていて、ものすごくいい曲になったんだ。

Album

Memories

初回限定盤

品番 STPR-9002/3

価格 2530円(税込)

仕様 CD+ボイスドラマCD

ボイスドラマCD収録内容

01 眠れない夜は側においで
02 君しか愛せない

通常盤

品番 STPR-1002

価格 1980円(税込)

1stミニアルバム『**Memories**』

発売日 2019年9月25日 ジャケットイラスト nanao

さとみくん初のソロアルバム。作詞を手がけた2曲を含む、全8曲を収録。初回限定盤は、完全オリジナルボイスドラマCDが付いた2枚組となっている。9月25日付のオリコンデイリーアルバムランキングにて1位を獲得！

店舗別オリジナル特典

アナザージャケット

AMAZON、
楽天ブックス、
セブンネットショッピング、
ネオウィング、
いちごのおうじ商店共通
※メッセージ＆複製サイン入り

ステッカー

TSUTAYA、
HMV&BOOKS、
新星堂、
WonderGOO、
応援店共通

A2 ポスター

タワーレコード

ミニ缶バッジ

アニメイト

ミニクリアファイル

ヴィレッジ
ヴァンガード

発売記念イベント

2019年10月19日
アニメイト池袋本店にて開催

1stミニアルバム『Memories』を購入してくれたりすなーさんに向けて、発売記念握手会が行われたよ。

タワーレコード『さとみ×NE(X)T BREAKERS』キャンペーン

2019年9月24日～10月7日
タワーレコード渋谷店にて開催

タワレコが話題の次世代アーティストをあと押しするオリジナル企画『NE(X)T BREAKERS』の第5弾アーティストとして、さとみくんが選ばれたんだ。渋谷店ではキャンペーン企画が実施され、等身大パネルやライブ衣装が展示されたよ。

Memories収録曲

1stミニアルバム『Memories』に収録されている楽曲を紹介するよ♪

01 赤道セニョール

作詞：斉門
作曲：斉門
編曲：斉門
歌：さとみ×ころん

02 Love Sick

作詞：NA.ZU.NA
作曲：NA.ZU.NA
編曲：NA.ZU.NA

03 涙色

作詞：Yu-ki Kokubo
作曲：Yu-ki Kokubo ×家原正樹
編曲：家原正樹

04 君しか愛せない

作詞：さとみ×松本有加
作曲：三好啓太
編曲：三好啓太

05 Still Love

作詞：さとみ×木村友威
作曲：Yu-ki Kokubo × ArmySlick
編曲：ArmySlick

06 約束

作詞：大濱健悟
作曲：大濱健悟
編曲：大濱健悟

07

Feeling Love（すとぷり）

作詞：Giz'Mo（from Jam9）
作曲：Giz'Mo（from Jam9）×ArmySlick
編曲：ArmySlick
歌：すとぷり

08

恋をはじめよう

作詞：Yu-ki Kokubo
作曲：Yu-ki Kokubo ×家原正樹
編曲：家原正樹

2019年8月23日 MV公開

さとみcomment

恋をはじめよう

曲をレコーディングするときは、課題を持って挑むんだよね。このときの課題は、明るいポップな雰囲気を出そうってことだったんだ。この曲は、ものすごい前を向いていて、自分の気持ちに正直に行こうぜ！ みたいな元気が出る曲で、自分でそういう部分を歌に乗せて表現できるようになりたいなっていう気持ちを込めてレコーディングしたよ。この曲もレコーディングに時間がかかったんだけど、終わって完成したものを聴いたとき、めちゃめちゃよくて感動した。ただ、レコーディングのときにフレッシュな気分になりたくて、中学生時代の自分を思い出したんだよ。大げさに身振り手振りを入れて限界のピュア感を出して歌ったから、ライブとか、誰かに見られながら歌うとめっちゃ気まずい(笑)。ライブ中、この曲を歌ってるときだけめちゃくちゃ笑顔な人になっちゃうから、あんまり顔を見ないでほしい。

さとみcomment

涙色

アルバムの中ではいちばん歌いやすかった曲。気持ちを込めやすかった。レコーディングのときは曲を作ってくれた方が一緒にいて、周りの方と話しながら方向性を決めたりすることもあるんだけど、その方からも「最近収録した中でいちばんいいね」って言ってもらえた。バリバリの失恋の曲で、めちゃめちゃ元カノのことを引きずっている歌詞で、それに感情移入できるってどういうこと？ って思うんだけど、歌いやすかったんだよね(笑)。自分が体験したことというか、歌詞の主人公になれる経験をしていると、自分の気持ちを作っていけるし歌いやすい。めちゃめちゃ好きな1曲なんだ。

さとみcomment

君しか愛せない

タイトルが好きなんだよね。「お前が好きだ」って内容の曲なんだけど、タイトルからしてストレートだし、ストレートな曲大好き！ 「もう一度会いたい」っていうセリフから始まるしね。恋愛って難しくて、最初は「好き」っていう気持ちしかなかったとしても、徐々にその気持ちが憎悪に変わってしまう場合がある。みんなもそういう経験あると思うんだよね。裏切られたりっていうとちょっと行き過ぎかもだけど、何らかの理由で好きな気持ちが違う方向に向かってしまう……。でも、それが憎悪だとしても、その人を思い続けるパワーというか、その人への気持ちは自分の中に残り続けているんだよね。それってけっきょく好きなんじゃないの？ って思う。好きが終われなくて自分が憎悪にしたかっただけで、実際は根本は好きだから、それただの好きじゃん！ みたいな。そういうのを全部わかったうえで「お前が好きだ」っていう思いを詰め込んでいる曲。マジで好き。曲の最後に「二度と会えない」っていう歌詞があるんだけど、こんなに好きだけど会えないってわかっている、でも好きだっていう行き場のない感じがすごく好きだね。実際に生きていてもそういう状況ってあるし、共感してくれる人は多いんじゃないかな？ ただ言えるのは、そこまで人のことを好きになれる自分を褒めたほうがいい。人のことを好きになれるっていうのはすごい！ オレなんて人よりも自分がいちばん好きだからね。あ、これカットで(笑)。

LIVE LIST

2019年末に、Zepp Tokyoにて開催されたワンマンライブ『Memories』と、ゲスト出演した莉犬くんところんくんのワンマンライブを写真とともに紹介していくよ。バーチャルさとみくんが活躍した3D生配信ライブもピックアップ!

ワンマンライブ Memories

1stミニアルバム『Memories』を引っさげてのワンマンライブ。すとぷりめんばーのころんくんがゲストとして登場してくれたんだ♪

開演日 2019年12月30日(月)

開演時間 17時

会場 Zepp Tokyo(東京)

ゲスト ころん

恒例のマニピュレーターさんいじりでは「ぎゅってして」の音声が流れたよ♡

※マニピュレーター：
ライブステージで音を調整する大事なお仕事

セットリスト

01. Love Sick
02. 君しか愛せない
03. デリヘル呼んだら君が来た
04. 虎視眈々
05. ベノム
06. 赤道セニョール（with ころん）
07. でこぼこげーむぱーてぃー(with ころん)
08. 涙色
09. Still Love
10. 乙女解剖
11. 少女レイ
12. GO GO CRAZY
13. 恋をはじめよう

アンコール

14. 約束
15. ファンサ

莉犬 わん! マンツアー
すたーとらいふっ!

2019年の夏に開催された莉犬くんのワンマンツアーでは、大阪会場のゲストとしてさとみくんが登場したよ。『ロメオ』と『ノンファンタジー』の2曲を披露したんだ♪

開演日 2019年8月13日(火)

開演時間 17時

会場 Zepp Namba(大阪)

ころんワンマンライブ
ころわん! ～あけおめライブ2020!～

2020年の年明けに開催された、ころんくんのワンマンライブに、さとみくんがゲスト出演したんだよ。『でこぼこげーむぱーてぃー』と『赤道セニョール』の2曲を披露したよ♪

開演日 2020年1月4日(土)

開演時間 17時

会場 Zepp Nagoya(愛知)

さとみ3D生配信BIRTHDAY歌ライブ

#さとみ3D

2021年のさとみくんの誕生日には、バーチャルソロライブを開催！ シャンパンやケーキが登場するバーチャル空間で、トークを交えながら8曲を届けたよ♪

開演日 2021年2月24日(水)

開演時間 19時

※オンライン配信

セットリスト

01. Very
02. ルマ
03. 敗北ヒーロー
04. 涙色
05. 恋は Just In Me
06. 君しか愛せない
07. 恋をはじめよう
08. Prince

CHAPTER 03

LIVE GOODS LIST

さとみくんのワンマンライブ『Memories』で販売されたオフィシャルグッズをご紹介♪

ワンマンライブ Memoriesのグッズリスト

当たり付きグッズの当たりはさとみくんの直筆サイン入りだったんだ！

A4クリアファイルくじ（全4種）
1枚600円
※ランダム商品
※当たり付きグッズ

缶バッジくじ（全6種）
1個400円
※ランダム商品
※当たり付きグッズ

いちご絵馬（さとみ）
500円

アクリルキーホルダー A／B
各800円

シリコンバンド A／B
各600円

マフラータオル
1600円

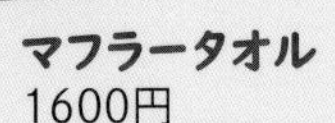

すとぷりハンドタオル!（さとみ）
700円

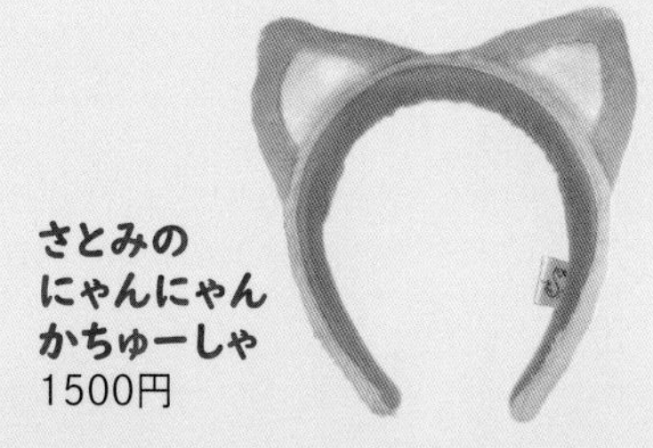

さとみのにゃんにゃんかちゅーしゃ
1500円

※発売時の価格を表記しています
※現在は販売しておりません

CHAPTER | 04

CHARACTER

GALLERY

GOODS COLLECTION

さとみ GALLERY

「いろんなオレをどうぞ」シリーズ

制服、コスプレ、ステージ衣装といっぱい癒されたい♡
イラストレーターさんたちが描いてくれたさとみくんを
厳選してお届け！

2019 冬ver.

『すとろべりーめもりーvol. 5 』
表紙

School Uniform

『すとろべりーめもりーvol.1 』
表紙

2019 秋ver.

2018 冬ver.

2019 春ver.

2020 秋ver.

『すとろべりーめもりーvol.1』
すとめもぎゃらりー

2018 冬ver.

『すとろべりーすたーと』
ジャケット

Season's Style

季節ごとに楽しませてくれるさまざまなファッション大集合♪

2021 夏ver.

2021 夏ver.

『すとろべりーめもりーvol. 3 』
すとめもぎゃらりー

『すとろべりーめもりーvol. 6 』
表紙

『すとろべりーめもりーvol. 2 』
表紙

2020 夏ver.

2021 夏 浴衣ver.

2020 夏 浴衣ver.

2019 バレンタインver.

2019 夏 いちごまりんver.

『すとろべりーめもりーvol. 3 』
表紙

『すとろべりーめもりーvol. 4 』
表紙

ワンマン『Memories』

2020 夏ver.

『Memories』ジャケット

2020 秋ver.

On Stage!

ステージでのさとみくんのまぶしさは神！華やかな衣装もセクシーなスーツもお似合いです♡

【MV】Prince

2021 春ver.

2019 夏ver.

2020 冬ver.

2021 New Year
トランプver.

2020 春ver.

2021 New Year トランプver.

【アニメ】
すとぷりが6兄弟だったら？
総集編が草WWWWWWW

三男

すとぷり公式YouTubeチャンネルで大人気の動画シリーズ「6兄弟」。さとみくんは中間子の三男役で動画を盛り上げてるよ。この役、素のさとみくんっぽくて、あまり演じてるとかなさそう……（笑）。最新のシリーズ動画も随時アップされていくのでチェックしてね。

バーチャルさとみくん

バーチャルさとみくんが初めて登場したのは、2021年2月24日。自身の誕生日であるこの日に、ソロでバースデー3Dライブを開催したんだよ。その２カ月後の4月3日、すとぷりめんばーが勢ぞろいで『すとろべりーめもりー in バーチャル！』を開催。無料配信で世界中の人々にすとぷりのバーチャルライブを楽しんでもらったんだ。
今後もすとぷりのVRは新しいコンテンツが配信される予定なので、またバーチャルさとみくんに会えるね！

【ライブ】
すとろべりーめもりー in バーチャル！
【すとぷり3Dライブ生配信】

番外編

すとぷりがオープニングテーマ『ギンギラ銀河』などを担当した人気TVアニメ『妖怪学園Y ～Nとの遭遇～』。莉犬くん、なーくん、ジェルくん、そしてさとみくんの4人が声優としても参加したんだ。さとみくんはクイズ研究クラブの会長・早押ワカタとして登場。Y学園に関するクイズ大会でMCを務めたよ。

CVを
担当したよ！

さとみくんの新たな
キャラ（ログセ）？

おまけ

マツコデラックスさんがMCを務める人気トークバラエティー番組『マツコ会議』（日本テレビ系列）にすとぷりが出演した際、スタッフさんに指摘されたログセ「ナイスゥ」。この動画では、りすなーさんが作ってくれたナイスゥ集でさとみくんが自分のログセを再認識しているんだ。「ナイスゥゥゥゥゥゥゥゥゥゥ！」

リスナーが作った
ナイスゥ集 見てみた結果WWW

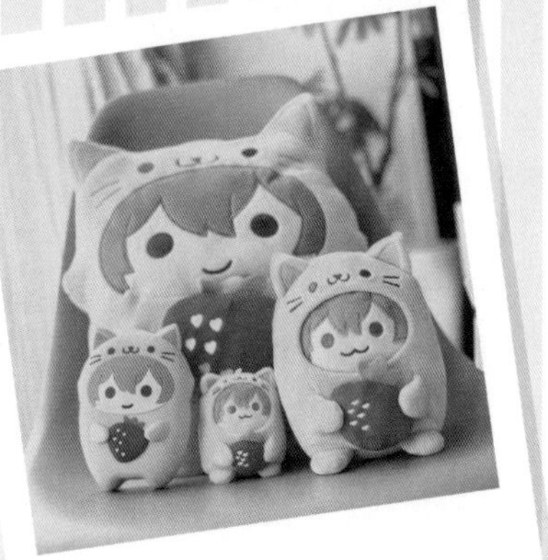

Stuffed dolls

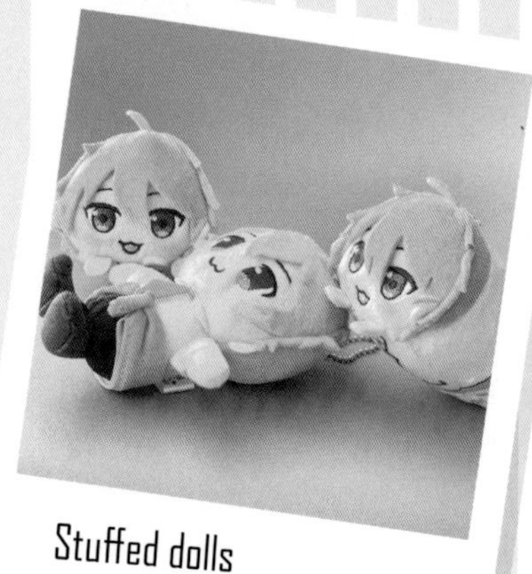

Stuffed dolls

ピンクしか勝たん！

SATOMI

goods collection

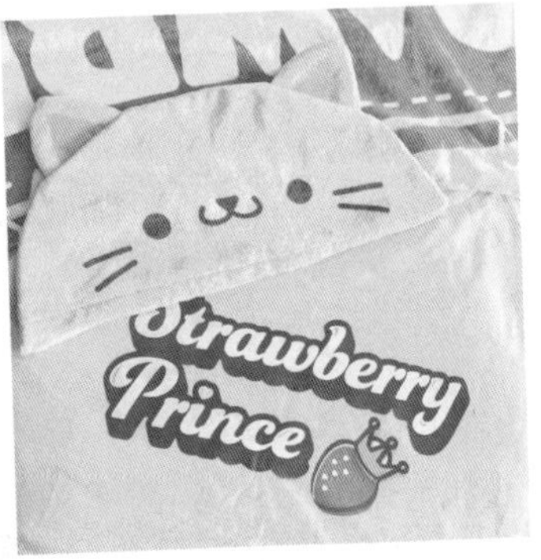
Strawberry
Prince

Towel & T-shirt

Satomi

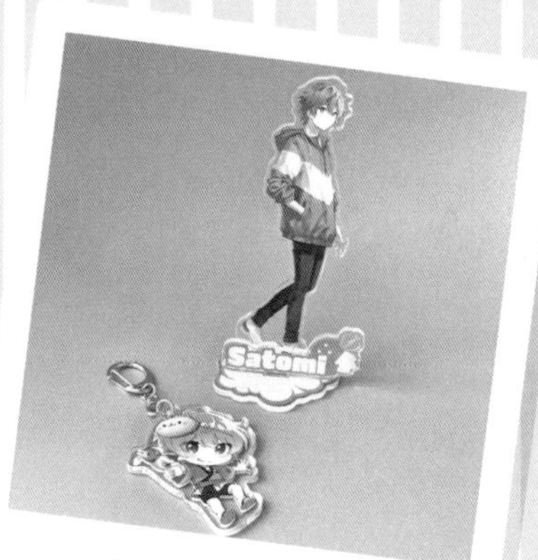

Acryl items

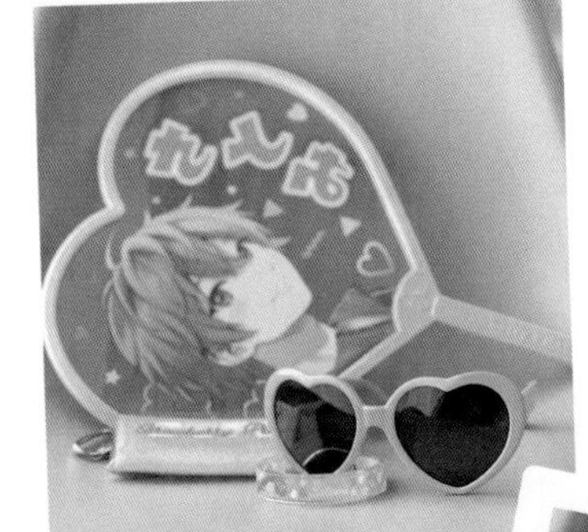

Summer items

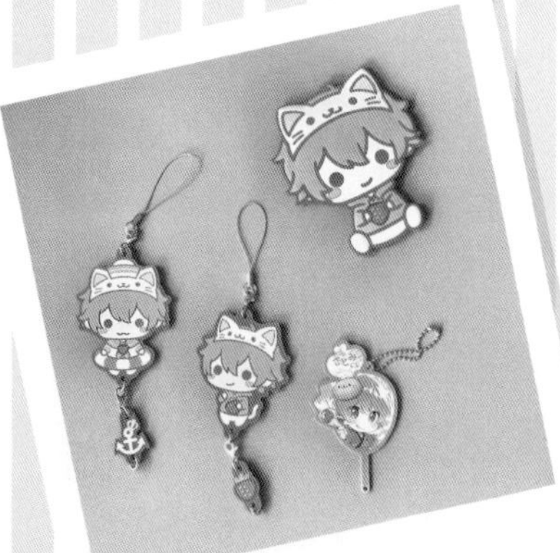

Straps & Hand mirror

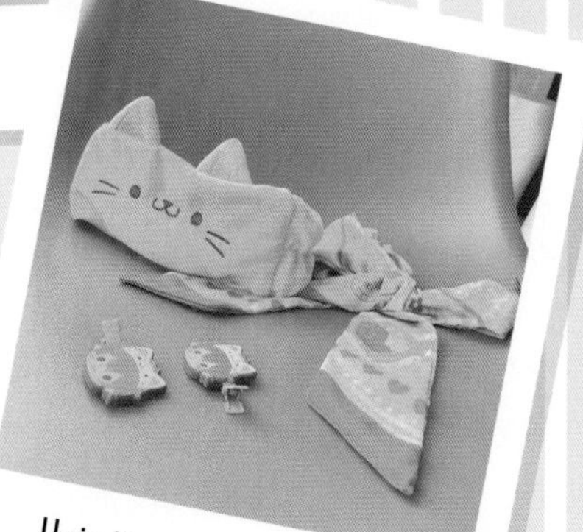

Hair items

※サングラスは撮影用の小物です

CHAPTER | 05

MESSAGE

根本にあるのは、みんなへの感謝の気持ちなんだ

最後まで読んでくれてどうもありがとう。

自分のこれまでのいろんな気持ちを詰め込んだ本になっているんだけど、けっきょく、根本にあるのは、みんなへの感謝の気持ちなんだよね。

みんなが応援してくれたから、今日までこうして活動を続けてこれたし、みんなの声がなかったら、できていなかった。

りすなーさんひとりひとりの声が、いつも自分の背中を押してくれています。

本当にいつもありがとう。

この本が出るのは、2021年の夏……。8月だよね。

今年の夏もまだ、外に出てみんなでワイワイ騒いだり、どこかに出かけたりしにくいよね。

夏に予定していたライブもなくなってしまって、りすなーさんには悲しい思いをさせてしまったと思う。

だからこそ、この夏は、いつもの活動を普段の2倍3倍頑張ってさ、次のライブにはもっと力をつけて、みんなに会いたいなって思ったんだよね。

オレが学生のときの夏って、もちろん友だちと遊んでたりしたけど、何だか時間が余ってしまっていた気もするんだ。何をしたらいいんだろう？って寂しくなったり……。

りすなーさんにも、そういう子がいるんじゃないかな？

そんなとき、オレの動画を見て楽しい時間を過ごしてもらえたり、元気になってもらえたらいいなって思って。

そんな子のために、気合を入れて頑張ってる。

8月になったら、毎週「歌ってみた」動画をアップするっていう宣言をしてたから、きっといまごろ、毎日、2、3本の動画を上げてるんじゃないかな……って思うんだけど、果たしてそれができているかどうか……（笑）。

何だかんだ挑戦したいことが多くてさ、毎日バタバタしてるんだけど、みんなが応援してくれていたら、きっとやれてると思う。

だから、ちゃんと宣言を守れてたら、褒めてほしい(笑)。
よろしく。

もらったコメントに、本当に救われたんだよね

もともとはさ、声優を目指してたんだ。
自分の「声」だけで何かを表現して、それが誰かの心に届いて。「声」だけで、見ている人や聞いている人の感情を揺さぶることができるって、ものすごいことだよね。

そう思って、お芝居の勉強をしてた。4年間くらいかな。
とある事務所にお世話になっていたんだけど、昔からずっと好きで、憧れていた事務所だったから、ここで頑張るぞって思ってたんだ。

24時間お芝居のことばかり考えて頑張ってたんだけど、その横では、オーディションで入って間もない子が優遇されて、どんどん育ててもらったりしていてね。
当たり前なんだろうけど、力を入れてもらえる人と、そうじゃない人がいるんだっていうことに気がついてさ。
そのとき、急に不安になったんだよね。このままでいいのかって。

もちろん、実力がある人もいたけど、何となくお芝居を始めたような人もいて。
オレも飛び抜けてうまかったわけじゃないから、嫉妬もあったんだけどね。
でも、4年近くお芝居の勉強をしててさ、当時のオレには本当にそれしかなかったんだ。

「失敗できない」「これで生きていくんだ」って頑張ってたから、「何となくお芝居始めました」っていう人たちとは、やっぱり合わなかったんだよね。

「もっと本気でやろうよ」とか、「こうしたほうがよくなると思うよ」とか。
自分はアドバイスをしたつもりでも、相手にしてみたら煙たく感じたと思う。

いろんな陰口も言われてたし、たぶん、ものすごく嫌われていたよ。

それでもずっとやってきたし、いつか成功したら、自分が進んだ道が正しかったんだって思えるからと頑張ってたんだけどさ。
あるとき、気持ちが折れちゃったんだよね……。10年後の自分も見えないし、続けることができなくなってしまった。

そんなときに、昔インターネットでよく見てた「歌ってみた」を思い出したんだよね。
アニメーションではないけど、これなら自分の表現で、誰かに届けられるんじゃないかって。
これから先のこともわからないし、いままで頑張ってきたことをすべて手放すことになるけど、自分ひとりで頑張ってみようって思って、事務所をやめたんだ。

やめて気持ちが楽になるかと思ったんだけど、実はその逆で……。
一緒に夢を追っていた友だちや、そのとき応援してくれていた人たちを裏切るかたちになってしまったことに、罪悪感がすごくて。かなり落ち込んでしまったんだよね。
あのときが、どん底だったと思う。

いままでやっていたアルバイトだったり、発声練習や滑舌の練習もなくなって、ぽっかり時間も空いてしまって。
2カ月くらいかな？　しばらく何もできない時間が過ぎた。

少しずつ気持ちが落ち着いてきて、あらためて、それまで勉強してきた表現を「歌ってみた」に込めて投稿してみたんだけど、そのときにもらったコメントに、本当に救われたんだよね。

まだこうして、表現を誰かに届けられる場所があるんだって。

生きているとさ、頑張れなくなる瞬間とかあると思うんだ。
誰かに傷つけられたり、心が折れそうになったり、いろんな理由で、前を向いて歩けなくなるときもあると思う。

そんなときに、少しでも元気が出るように、みんなの心のよりどころになれるように、毎日の動画投稿、生放送、歌……全部全部走り続けるから。
オレたちの頑張っている姿が、みんなの支えになれたらうれしい。

みんなからもらった気持ちを大切にして、これからも日々の活動で返していきたい

オレもこれまでたくさん失敗を重ねてきたし、人生のどん底みたいな状況でネットの活動を始めたんだけど、そんなオレの活動を見て、みんながリアクションをくれたり、声をあげて応援してくれたり……。

そうしたひとつひとつが積み重なって、どん底の状態のオレをみんなが救い出してくれた。

そのおかげで、自信を持てるようにもなった。

だから今度はそのお返しっていうわけじゃないんだけどね。

あいつも頑張ってるから自分も頑張ろうって、少しでもそう思ってもらえるような存在になりたいって思ってます。

うん。そう思うと、きっと、この夏も余裕で乗り切っているだろうな(笑)。

いいところも悪いところも、全部そのまま届けるから、ありのままの自分を見てほしい。ウソいつわりなく届けたいなって思ってるから、ストレートに何でも言っちゃうこともあるけど、りすなーさんがオレのために使ってくれている時間全部がオレにとって大切な思い出なんだよね。

これまでみんなからもらった、たくさんの気持ち。感謝してもしきれない。

みんなからもらった気持ちを大切にして、これからも日々の活動で返していきたいし、みんなの楽しい思い出のひとつになれたらうれしい。

まだ秘密だけど、やりたいこと、たくさんあるから、これからも楽しみにしてて。

次に会えるときには、外見も内面も、間違いなく前よりレベルアップしてるはずだから(笑)。もっともっと楽しんでもらって、好きになってもらえる自信があるから、早く会いたい。

会える日を楽しみにしてる。
また会おう!

さとみめもりー

2021年8月19日　初版発行

STPR BOOKS
企画・プロデュース　ななもり。

著者　さとみ ×ななもり。

Special Thanks　そばで支えてくれている君

編集　株式会社ブリンドール

デザイン　アップライン株式会社

印刷・製本　大日本印刷株式会社

発行　STPR BOOKS

発売　株式会社リットーミュージック
〒101-0051 東京都千代田区神田神保町一丁目105番地

［乱丁・落丁などのお問い合わせ先］
リットーミュージック販売管理窓口
TEL：03-6837-5017／FAX：03-6837-5023
service@rittor-music.co.jp
受付時間／10:00 - 12:00、13:00 - 17:30（土日、祝祭日、年末年始の休業日を除く）

［書店様・販売会社様からのご注文受付］
リットーミュージック受注センター
TEL：048-424-2293／FAX：048-424-2299

※本書は新型コロナウイルス感染症（COVID-19）拡大防止のため、政府の基本方針に基づき、著者・スタッフの健康面、安全面を考慮し、
感染リスクを回避するための対策につとめて制作しております。

※本体価格は裏表紙に表示しています。

Printed in Japan
ISBN 978-4-8456-3665-5
C0095　¥2000E